石油石化现场作业安全培训系列教材

临时用电作业安全

中国石油化工集团公司安全监管局
中国石化青岛安全工程研究院　　组织编写

U0264083

中国石化出版社
HTTP://WWW.SINOPEC-PRESS.COM

图书在版编目（ＣＩＰ）数据

临时用电作业安全 / 张丽萍主编；中国石油化工集团
公司安全监管局，中国石化青岛安全工程研究院组织编写．
— 北京：中国石化出版社，2017.5（2022.9 重印）
石油石化现场作业安全培训系列教材
ISBN 978-7-5114-4424-0

Ⅰ.①临… Ⅱ.①张… ②中… ③中… Ⅲ.①安全用
电 – 安全培训 – 教材 Ⅳ.① TM92

中国版本图书馆 CIP 数据核字 (2017) 第 076701 号

中国石化出版社出版发行

地址：北京市东城区安定门外大街 58 号
邮编：100020　电话：(010)57512500
发行部电话：(010)57512575
http://www.sinopec-press.com
E-mail:press@sinopec.com
北京富泰印刷有限责任公司印刷
全国各地新华书店经销

*

787×1092 毫米 32 开本 2 印张 34 千字
2017 年 6 月第 1 版　2022 年 9 月第 5 次印刷
定价：20.00 元

《石油石化现场作业安全培训系列教材》
编 委 会

《临时用电作业安全》编写人员

序

近年来相关统计结果显示，发生在现场动火作业、受限空间作业、高处作业、临时用电作业、吊装作业等直接作业环节的事故占石油石化企业事故总数的90％，违章作业仍是发生事故的主要原因。10起事故中，9起是典型的违章作业事故。从相关事故案例和违章行为的分析结果来看，员工安全意识薄弱，安全技术水平达不到要求是制约安全生产的瓶颈。安全培训的缺失或缺陷几乎是所有事故和违章的重要成因之一。

加强安全培训是解决"标准不高、要求不严、执行不力、作风不实"等问题的重要手段。

企业在装置检修期，以及新、改、扩建工程中，甚至日常检查、维护、操作过程中，都会涉及大量直接作业活动。《石油石化现场作业安全培训系列教材》涵盖动火作业、受限空间作业、高处作业、吊装作业、临时用电作业、动土作业、断路作业和盲板抽堵作业等所涉及的安全知识，内容包括直接作业环节的定义范围、安全规章制度、危害识别、作业过程管理、安全技术措施、安全检查、应急处置、典型事故案例以及常见违章行为等。通过对教材的学习，能够让读者掌握直接作业环节的安全知识和技能，有助于企业强化"三基"工作，有效控制作业风险。

安全生产是石油化工行业永恒的主题，员工的素质决定着企业的安全绩效，而提升人员素质的主要途径是日常学习和定期培训。本套丛书既可作为培训课堂的学习教材，又能用作工余饭后的理想读物，让读者充分而便捷地享受学习带来的快乐。

前言

直接作业环节安全管理一直是石油化工行业关注的焦点。为使一线员工更好地理解直接作业环节安全监督管理制度，预防安全事故发生，中国石油化工集团公司组织相关单位开展了大量研究工作，旨在规范直接作业环节的培训内容、拓展培训方式、提升培训效果。在此基础上，依据《化学品生产单位特殊作业安全规范》（GB 30871）等，编写了《石油石化现场作业安全培训系列教材》。该系列教材系统地介绍了石油石化现场直接作业环节的安全技术措施和安全管理过程，内容丰富，贴近现场，语言简洁，形式活泼，图文并茂。

本书是系列教材的分册，可作为临时用电作业人员以及管理人员的补充学习材料，主要内容有：

◆ 作业活动的相关定义；

◆ 常见事故类型；

◆ 安全技术措施；

◆ 作业许可证或其他作业过程控制票证的管理；

◆ 配送电安全要求；

◆ 电气设备防护措施；

◆ 电气防火防爆要求；

◆ 典型事故案例；

◆ 急救常识等。

通过本书的学习，读者可以更好地掌握临时用电作业的安全技术措施和安全管理要求，熟悉工作程序、作业风险、应急措施和救护常识等。书中内容具有一定的通用性，并不针对某一具体装置、具体现场。对于特定环境、特殊装置的具体作业，应严格遵守相关的操作手册和作业规程。

本书由中国石油化工集团公司安全监管局、中国石化青岛安全工程研究院组织编写。书中选用了中国石油化工集团公司安全监管局主办的《班组安全》杂志的部分案例与图片，在此一并感谢。

由于编写水平和时间有限，本书内容尚存不足之处，敬请各位读者批评指正并提出宝贵意见。

目录

1 相关定义

（1）临时用电

正式运行的电源上所接的非永久性用电，如在电源中性点直接接地的220V/380V三相四线制低压电力系统中的用电等。

（2）电压等级

电力系统及电力设备的额定电压级别系列。目前我国常用的电压等级有：220V、380V、6kV、10kV、35kV、110kV、220kV、330kV、500kV、1000kV。通常将额定电压在1kV以上的电压称为"高电压"，额定电压在1kV以下的电压称为"低电压"。

（3）安全电压

为了防止触电事故而由特定电源供电所采用的电压系列。我国安全电压额定值的等级一般为36V、24V、12V、6V。当

电气设备采用的电压超过安全电压时，必须按规定采取防止直

接接触带电体的保护措施。

（4）外电线路

施工现场临时用电工程配电线路以外的电力线路。

（5）接地

设备的一部分为形成导电通路与大地的连接。

（6）接地体

埋入地中并直接与大地接触的金属导体。

（7）工作接地

为了电路或设备达到运行要求的接地。如变压器低压中性点和发电机中性点的接地。

（8）重复接地

设备接地线上一处或多处通过接地装置与大地再次连接的接地。

（9）总配电箱

布置在用电负荷中心的落地式配电装置。其进线端与配电室的出线柜相连，出线端与分配电箱或大功率用电设备相连。

（10）分配电箱

分布在各施工点，使用电设备就近获得电源的配电装置。其进线端与总配电箱相连，出线端与开关箱或用电设备相连。

（11）开关箱

末级配电装置，其进线端与分配电箱相连，出线端与用电设备相连。

（12）TN 系统

电源中性点直接接地时电气设备外露可导电部分通过零线接地的接零保护系统。

（13）TN–C 系统

工作零线与保护零线合一设置的接零保护系统。

（14）TN–S 系统

工作零线与保护零线分开设置的接零保护系统。

2 临时用电常见事故类型

🔔 2.1 触电事故

触电是由于人体直接接触电源，一定量的电流通过人体，致使组织损伤和功能障碍甚至死亡。触电时间越长，人体所受的电损伤越严重。

触电事故分为电击和电伤两种类型。

（1）电击

电击是电流对人体内部组织的伤害，是最危险的一种伤害，绝大多数（大约85％以上）的触电死亡事故都是由电击造成的。按照人体触及带电体的方式和电流流过人体的途径，电击可分为：

● 单相触电

当人体直接碰触带电设备其中的一相时，电流通过人体流入大地，这种触电现象称为单相触电。对于高压带电体，人体虽未直接接触，但由于超过了安全距离，高电压对人体放电，造成单相接地而引起的触电，也属于单相触电。

火线
零线

单相（单线）触电

火线
零线

单相（双线）触电

● 两相触电

人体同时接触带电设备或线路中的两相导体，或在高压系统中，人体同时接近不同相的两相带电导体，而发生电弧放电，电流从一相导体通过人体流入另一相导体，构成一个

火线 L1
火线 L2

两相触电

闭合回路，这种触电方式称为两相触电。发生两相触电时，作用于人体上的电压等于线电压，这种触电是最危险的。

● 跨步电压触电

当电气设备发生接地故障时，接地电流通过接地体向大地流散，在地面上形成电位分布，若人在接地短路点周围行走，其两脚之间的电位差，就是跨步电压。由跨步电压引起的人体触电，称为跨步电压触电。

高压线

跨步电压触电

（2）电伤

电伤是由电流的热效应、化学效应、机械效应等对人造成的伤害。触电伤亡事故中，纯电伤性质的事故及带有电伤性质的事故约占 75 %（电烧伤约占 40 %）。尽管大约 85 %以上的触电死亡事故是电击造成的，但其中大约 70 %的事故含有电伤成分。

● 电烧伤

电烧伤是电流的热效应造成的伤害，分为电流灼伤和电弧烧伤。电流灼伤是人体与带电体接触，电流通过人体将电能转换成热能而造成的伤害。电流灼伤一般发生在低压设备或低压线路上。

电弧烧伤是由弧光放电造成的伤害，分为直接电弧烧伤和间接电弧烧伤。前者是带电体与人体之间发生电弧，有电流流过人体的烧伤；后者是

闪电

高压电弧触电

电弧发生在人体附近，对人体造成的烧伤，例如熔化了的炽热金属溅出造成的烫伤。直接电弧烧伤是与电击同时发生的。电弧温度高达 8900℃以上，可造成大面积、大深度的烧伤，甚至烧焦、烧掉四肢及其他部位。与电击不同的是，电弧烧伤都会在人体表面留下明显痕迹，而且致命电流较大。

● 皮肤金属化

在电弧高温作用下，金属被熔化或气化，金属微粒渗入皮肤，使皮肤粗糙而张紧。皮肤金属化多与电弧烧伤同时发生。

● 电烙印

在人体与带电体接触的部位留下的永久性斑痕。斑痕处皮肤失去原有弹性和色泽，表皮坏死，失去知觉。

● 机械性损伤

电流作用于人体时，由于中枢神经反射和肌肉强烈收缩等作用导致的人体组织断裂、骨折等伤害。

● 电光眼

发生弧光放电时，由红外线、可见光、紫外线等对眼睛造成的伤害。电光眼表现为角膜炎或结膜炎。

🔔 2.2 电气火灾事故

电气火灾一般是指由于电气线路、用电设备、器具以及供配电设备释放出热能，在具备燃烧条件下引燃本体或其他可燃物而造成的火灾，也包括由雷电和静电引起的火灾。电气火灾主要包括以下几个方面：

● 漏电火灾

当漏电发生时，泄漏的电流在流入大地途中，如遇电阻较大的物体时，会产生局部高温，致使附近的可燃物着火，从而引起火灾。此外，在漏电点产生的漏电火花，同样也会引起火灾。

● 短路火灾

由于短路时电阻突然减少，电流突然增大，其瞬间的发热量也很大，大大超过了线路正常工作时的发热量，并在短路点易产生强烈的火花和电弧，不仅能使绝缘层迅速燃烧，而且能使金属熔化，引起附近的易燃可燃物燃烧，造成火灾。

● 过负荷火灾

导线过负荷时，加快了导线绝缘层老化变质。当严重过负荷时，导线的温度会不断升高，甚至会引起导线的绝缘层发生燃烧，并能引燃导线附近的可燃物，从而造成火灾。

● 接触电阻过大火灾

在有较大电流通过的电气线路上，如果在某处出现接触电阻过大现象时，就会在接触电阻过大的局部范围内产生极大的热量，使金属变色甚至熔化，引起导线的绝缘层发生燃烧，并引燃附近的可燃物或导线上积落的粉尘、纤维等，从而造成火灾。

3 临时用电安全管理

3.1 临时用电组织设计

施工现场临时用电设备在 5 台及以上或设备总容量在 50kW 及以上者，应编制临时用电组织设计。临时用电组织设计应包括以下内容：

（1）现场勘测；

（2）确定电源进线、变电所或配电室、配电装置、用电设备位置及线路走向；

（3）负荷计算；

（4）选择变压器；

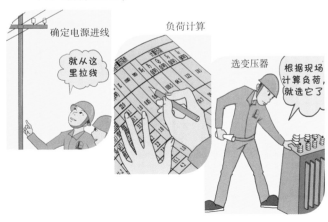

（5）设计配电系统：

● 设计配电线路，选择导线或电缆；

● 设计配电装置，选择电器；

● 设计接地装置；

● 绘制临时用电工程图纸，主要包括用电工程总平面图、配电装置布置图、配电系统接线图、接地装置设计图。

（6）设计防雷装置；

（7）确定防护措施；

（8）制定安全用电措施和电气防火措施等。

设计防雷装置

很好，就用它了

用它作防护栏怎么样？

确定防护措施

🔔 3.2　电工及用电人员

电工必须参加国家现行法规标准所要求的培训，并且在考核合格后，持有效操作证上岗工作；其他用电人员必须通过相关教育培训和技术交底，考核合格后方可上岗工作。

安装、巡检、维修或拆除临时用电设备和线路，必须由持有效操作证的电工完成，并应有监护人。电工技术等级应同工程的难易程度和技术复杂性相适应。

各类用电人员应掌握安全用电基本知识、了解所用设备的性能，并遵照以下规定：

（1）使用电气设备前必须按规定穿戴和配备好相应的劳动防护用品，并检查电气装置和保护设施，严禁设备带"缺陷"运转；

电动工具使用前要经专职电工检验接线是否正确。长期搁置不用或受潮的工具在使用前应由电工测量绝缘阻值是否符合要求。

（2）保管和维护所用设备，发现问题及时报告解决；

（3）停用设备的开关箱必须切断电源，并关门上锁；

（4）移动电气设备前，必须切断电源并做妥善处理。

🔔 3.3　作业许可证

（1）基本要求

根据《化学品生产单位特殊作业安全规范》（GB 30871—2014），临时用电作业前，用电单位和配送电单位应针对作业内容进行危害识别和风险评估，制定并落实相应的作业程序及安全措施。

用电单位应办理临时用电作业许可证或安全作业证，并由配送电单位、动力部门等相关责任人签字确认。

如果在临时用电作业过程中，还涉及动火、受限空间、盲板抽堵、高处、吊装、动土、断路等作业时，除了应同时执行相应的作业要求外，还应同时办理相应的作业许可证。

（2）作业许可证办理及作业流程

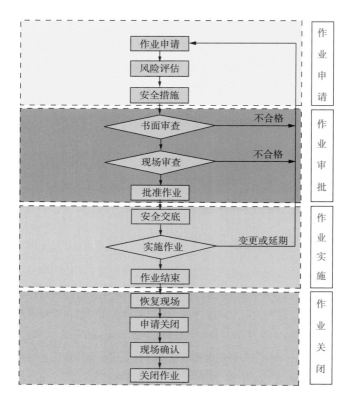

（3）作业许可证管理

作业许可证不应随意涂改和转让，不应变更作业内容、扩大使用范围、转移作业部位或异地使用。

作业内容变更、作业范围扩大、作业地点转移或超过有效期限，以及作业条件、作业环境条件或工艺条件改变时，应重新办理作业许可证。

一个作业点、一个作业周期、同一作业内容应办理一张作业许可证。

作业许可证一式三联，分别由作业单位、配送电执行人、签发单位持有及保存。

许可证有效期限为 1 个作业周期（临时用电时间一般不超过 15 天，特殊情况不应超过 1 个月）。

用电结束后，用电单位应及时通知配送电单位拆除临时用电线路，并将作业许可证交由配送电执行人注销。

许可证保存期为 1 年。

临时用电作业许可证样式：

申请单位		申请人		作业证编号	
作业时间	自　　年　月　日　时　分至　　年　月　日　时　分				
作业地点					
电源接入点		工作电压			
用电设备及功率					
作业人		电工证号			
危害辨识					

序号	安 全 措 施	确认人
1	安装临时线路人员持有电工作业操作证	
2	在防爆场所使用的临时电源、元器件和线路达到相应的防爆等级要求	
3	临时用电的单项和混用线路采用五线制	
4	临时用电线路在装置内不低于 2.5m，道路不低于 5m	
5	临时用电线路架空进线未采用裸线，未在树或脚手架上架设	
6	暗管埋设及地下电缆线路设有"走向标志"和"安全标志"，电缆埋深大于 0.7m	
7	现场临时用配电盘、箱有防雨措施	
8	临时用电设施装有漏电保护器，移动工具、手持工具"一机一闸一保护"	
9	用电设备、线路容量、负荷符合要求	
10	其他安全措施： 　　　　　　　　　　　　编制人：	

实施安全教育人			
作业单位意见	签字：　　　　　年　月　日　时　分		
配送电单位意见	签字：　　　　　年　月　日　时　分		
审批部门意见	签字：　　　　　年　月　日　时　分		
完工验收	签字：　　　　　年　月　日　时　分		

3.4 中国石化作业许可证管理

根据行业的特点以及生产单位的具体情况，石油石化企业在落实作业许可证管理时，对具体的管理措施进行了适当调整和细化，便于操作执行。以下是中国石化临时用电作业许可证的办理流程和管理要求，其他单位可用于参考。

3.4.1 作业许可证办理流程

（1）由临时用电单位提出临时用电作业申请。在作业之前，临时用电单位会同施工单位针对作业内容进行工作安全分析（JSA），制订相应的安全措施。

（2）临时用电的施工单位负责人持《电工作业操作证》《施工作业单》等资料到配送电单位办理许可证。

如果在具有火灾爆炸危险场所内临时用电，在办理临时用电作业许可证前,应按照《中国石化用火作业安全管理规定》办理用火作业许可证。

如果使用 6kV 及以上临时电源，用电单位需编制临时用电方案，向单位电气主管部门提出申请。

（3）配送电单位在签发临时用电作业许可证前，应针对作业内容进行危害识别，落实相应的作业程序及安全措施。

（4）配送电单位负责人对作业程序和安全措施进行现场确认后，签发作业许可证。

（5）作业之前施工单位负责人应向作业人员进行作业程序和安全措施交底。

（6）在作业完工后，施工单位及时通知配送电单位，配送电单位执行人在现场确认后，收回临时用电作业许可证并签字，停电、拆除临时用电线路。

3.4.2　作业许可证管理

临时用电必须办理作业许可证，凭证作业。

临时用电作业许可证审批人及监护人接受所在企业安全监督部门组织的业务培训，经培训合格后，颁发资格证书，持证上岗。

临时用电作业许可证不得涂改、不得代签，填写的内容应与实际相符。

许可证一式三联，第一联由签发人留存，第二联交配送电执行人，第三联由施工单位持有。

用电结束后，许可证第三联交由配送电执行人注销。

许可证有效期限为 1 个作业周期。

许可证保存期为 1 年。

中国石化临时用电作业许可证样式：

申请作业单位			
工程名称		施工单位	
施工地点		用电设备及功率	
电源接入点		工作电压	
临时用电人		电工证号	
临时用电时间	从　年月日时分至　年月日时分		

序号	主要安全措施	确认人
1	开展 JSA 风险分析，并制定相应作业程序和安全措施	
2	安装临时线路的人员持有电工作业操作证	
3	在防爆场所使用的临时电源、电气元件和线路要达到相应的防爆等级要求并有措施	
4	临时用电的单相和混用线路采用五线制	
5	临时用电线路架空高度在装置内不低于 2.5m，道路不低于 5m	
6	临时用电线路架空连线不得采用裸线，不得在树上或脚手架上架设	
7	暗管埋设及地下电缆线路设有"走向标志"和"安全标志"，电缆埋深大于 0.7m	
8	现场临时用电配电盘、箱应有防雨措施	
9	临时用电设施装有漏电保护器，移动工具、手持式电动工具应"一机一闸一保护"	
10	用电设备、线路容量、负荷符合要求	
11	行灯电压不应超过 36V，在特别潮湿的场所或塔、槽、罐等金属设备内，不得超过 12V	
12	视频监控措施已落实	
13	其他补充安全措施：	

临时用电单位意见： （签名） 年 月 日	供电主管部门意见： （签名） 年 月 日	供电执行单位意见： （签名） 年 月 日
送电开始	签名： 电工证号：	年 月 日 时 分
完工验收	签名：	年 月 日 时 分

4 外电线路防护

在建工程不得在外电架空线路正下方施工、搭设作业棚、建造生活设施或堆放构件、架具、材料及其他杂物等。

在建工程（含脚手架）的周边与外电架空线路的边线之间必须保持安全操作距离。最小安全操作距离如表 4.1 所示。

表 4.1　最小安全操作距离（一）

外电线路电压等级 /kV	1 以下	1~10	35~110	220	330~500
最小安全操作距离 /m	4	6	8	10	15

注：上、下脚手架的斜道不宜设在有外电线路一侧。

施工现场的机动车道与外电架空线路交叉时，架空线路的最低点与路面的最小垂直距离应符合表 4.2 规定。

表 4.2 最小安全操作距离（二）

外电线路电压等级 /kV	1 以下	1~10	35
最小垂直距离 /m	6	7	7

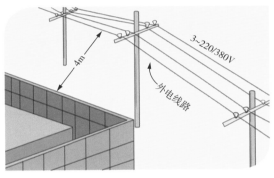

起重机严禁越过无防护设施的外电架空线路作业。在外电架空线路附近吊装时，起重机的任何部位或被吊物边缘在最大偏斜时与架空线路边线的最小安全距离应符合表 4.3 规定。

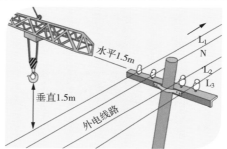

表 4.3 最小安全操作距离（三）

安全距离 /m \ 电压 /kV	< 1	10	35	110	220	330	500
沿垂直方向	1.5	3.0	4.0	5.0	6.0	7.0	8.5
沿水平方向	1.5	2.0	3.5	4.0	6.0	7.0	8.5

施工现场开挖沟槽边缘与外电埋地电缆沟槽边缘之间的距离不得小于 0.5m。

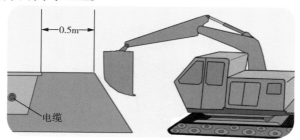

5 保护接零

　　现场专用变压器供电的 TN–S 接零保护系统中，电气设备的金属外壳必须与保护零线连接。保护零线应由工作接地线、配电室（总配电箱）电源侧零线或总漏电保护器电源侧零线处引出，见图 5.1。

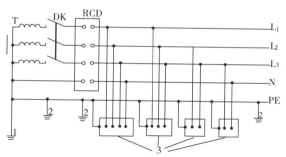

图5.1　专用变压器供电时TN–S接零保护系统示意

　　1—工作接地；2—PE 线重复接地；3—电气设备金属外壳 (正常不带电的外露可导电部分)；L_1、L_2、L_3—相线；N—工作零线；PE—保护零线；DK—总电源隔离开关；RCD—总漏电保护器 (兼有短路、过载、漏电保护功能的漏电断路器)；T—变压器

　　当施工现场与外电线路共用同一供电系统时，电气设备的接地、接零保护应与原系统保护一致。不得一部分设备做保护接零，另一部分设备做保护接地。

采用 TN 系统做保护接零时，工作零线（N 线）必须通过总漏电保护器，保护零线（PE 线）必须由电源进线零线重复接地处或总漏电保护器电源侧零线处，引出形成局部 TN–S 接零保护系统，见图 5.2。

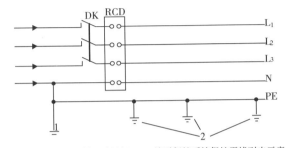

图 5.2　三相四线供电时局部 TN–S 接零保护系统保护零线引出示意
1—N、PE 线重复接地；2—PE 线重复接地；L_1、L_2、L_3—相线；
N—工作零线；PE—保护零线；DK—总电源隔离开关；RCD—总漏电保护器（兼有短路、过载、漏电保护功能的漏电断路器）

在 TN 接零保护系统中，PE 零线应单独敷设。重复接地线必须与 PE 线相连接，严禁与 N 线相连接。

施工现场的临时用电电力系统严禁利用大地做相线或零线。

PE 线上严禁装设开关或熔断器，严禁通过工作电流，且严禁断线。

相线、N 线、PE 线的颜色标记必须符合以下规定：相线 L_1、L_2、L_3 的绝缘颜色依次为黄、绿、红色；N 线的绝缘颜色为淡蓝色；PE 线的绝缘颜色为绿／黄双色，如图 5.3 所示。任何情况下，上述颜色标记严禁混用和互相代用。

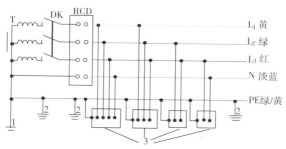

图5.3　TN–S接零保护系统绝缘颜色示意

6 接地

　　TN 系统中的保护零线除必须在配电室或总配电箱处做重复接地外，还必须在配电系统的中间处和末端处做重复接地。

　　在 TN 系统中，保护零线每一处重复接地装置的接地电阻值不应大于 10Ω。

　　在 TN 系统中，严禁将单独敷设的工作零线再做重复接地。

　　每一接地装置的接地线应采用 2 根及以上导体，在不同点与接地体做电气连接。

　　不得采用铝导体做接地体或地下接地线。垂直接地体宜采用角钢、钢管或光面圆钢，不得采用螺纹钢。

　　接地可利用自然接地体，但应保证其电气连接和热稳定。

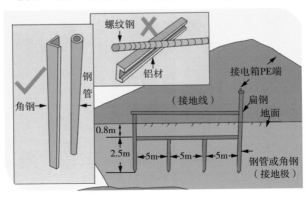

7 防雷

机械设备或设施的防雷引下线可利用该设备或设施的金属结构体，但应保证电气连接。

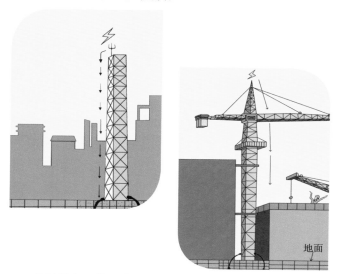

机械设备上的避雷针（接闪器）长度应为 1 ~ 2m。塔式起重机可不另设避雷针（接闪器）。

施工现场内所有防雷装置的冲击接地电阻值不得大于30Ω。

8 电缆线路

电缆中必须包含全部工作芯线和用作保护零线或保护线的芯线。需要三相四线制配电的电缆线路必须采用五芯电缆。

电缆截面的选择应符合以下规定，根据其长期连续负荷允许载流量和允许电压偏移确定。

● 导线中的计算负荷电流不大于其长期连续负荷允许载流量；

● 线路末端电压偏移不大于其额定电压的 5%；

● 三相四线制线路的 N 线和 PE 线截面不小于相线截面的 50%，单相线路的零线截面与相线截面相同。

电缆线路应采用埋地或架空敷设，严禁沿地面明设，并应避免机械损伤和介质腐蚀。

电缆直接埋地敷设的深度不应小于 0.7m，并应在电缆紧邻上、下、左、右侧均匀敷设不小于 50mm 厚的细砂，然后覆盖砖或混凝土板等硬质保护层。埋地电缆路径应设方位标志。

架空电缆应沿电杆、支架或墙壁敷设，并采用绝缘子固定，绑扎线必须采用绝缘线，固定点间距应保证电缆能承受自重所带来的荷载，敷设高度应符合相关标准、规范的要求，沿墙壁敷设时最大弧垂距地不得小于 2.0m。架空电缆严禁沿脚手架、树木或其他设施敷设。

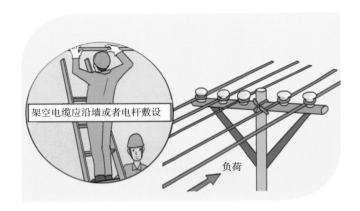

架空电缆应沿墙或者电杆敷设

负荷

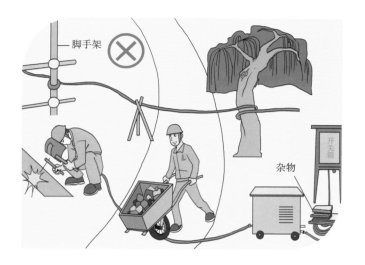

脚手架

杂物

开关箱

9 配电箱和开关箱

　　配电系统应设置配电柜或总配电箱、分配电箱、开关箱，实行三级配电。

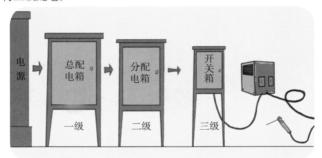

　　总配电箱以下可设若干分配电箱；分配电箱以下可设若干开关箱。

　　总配电箱应设置在靠近电源的区域，分配电箱应设置在用电设备或负荷相对集中的区域，分配电箱与开关箱的距离不得超过 30m，开关箱与其控制的固定式用电设备的水平距离不宜超过 3m。

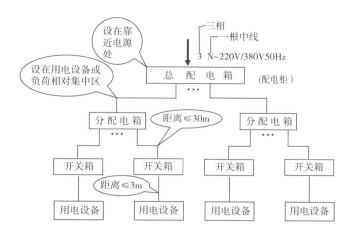

电气设备自带的软电缆或软线不得接长，当电源与作业场所距离较远时，应采用移动式开关箱。

为了保证在故障情况下人身和设备的安全，在总配电箱和开关箱上必须安装漏电保护器。

用电现场实行"一机一闸一保护"，即每一台用电设备都有唯一控制开关，并有唯一的符合要求的漏电保护器。不能在同一个漏电保护器上同时连接两台以上的用电设备，否则容易发生事故。

配电箱、开关箱应装设在干燥、通风及常温场所，不得装设在有严重损伤作用的瓦斯、烟气、潮气及其他有害介质中，亦不得装设在易受外来固体物撞击、强烈振动、液体浸溅及热源烘烤场所。否则，应予清除或做防护处理。

配电箱、开关箱周围应有足够 2 人同时工作的空间和通道，不得堆放任何妨碍操作、维修的物品，不得有灌木、杂草。

配电箱和开关箱附近禁止摆放易燃物品

配电箱、开关箱应装设端正、牢固。

固定式配电箱、开关箱的中心点与地面的垂直距离应为1.4 ~ 1.6m。

移动式配电箱、开关箱应装设在坚固、稳定的支架上。其中心点与地面的垂直距离宜为 0.8 ~ 1.6m。

配电箱、开关箱外形结构应能防雨、防尘。

开关箱中漏电保护器的额定漏电动作电流不应大于
30mA，额定漏电动作时间不应大于 0.1s。

使用于潮湿或有腐蚀介质场所的漏电保护器应采用防溅
型产品，其额定漏电动作电流不应大于 15mA，额定漏电动作
时间不应大于 0.1s。

总配电箱中漏电保护器的额定漏电动作电流应大于

30mA，额定漏电动作时间应大于 0.1s，但其额定漏电动作电流与额定漏电动作时间的乘积不应大于 30mA·s。

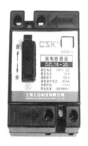 

　　配电箱、开关箱应定期检查、维修。检查、维修人员必须是专业电工。检查、维修时必须按规定穿戴绝缘鞋、手套，必须使用电工绝缘工具，并做检查、维修工作记录。

对配电箱、开关箱进行定期维修、检查时，必须将其前一级相应的电源隔离开关分闸断电，并悬挂"禁止合闸、有人工作"停电标志牌，严禁带电作业。

配电箱、开关箱内不得放置任何杂物，并应保持整洁，不得随意挂接其他用电设备，内部的电气配置和接线严禁随意改动。

漏电保护器每天使用前,应启动漏电试验按钮试跳一次,试跳不正常时严禁使用。

配电箱、开关箱的进线和出线严禁承受外力,严禁与金属尖锐断口、强腐蚀介质和易燃易爆物接触。

10 典型电气设备的防护

🔔 10.1 一般要求

电气设备的周围不得存放易燃易爆物和腐蚀介质等，其防护等级必须与环境条件相适应。

电气设备设置场所应能避免物体打击和机械损伤，否则应做防护处置。

🔔 10.2 焊接机械

电焊机械应放置在防雨、干燥和通风良好的地方。焊接现场不得有易燃、易爆物品。

交流弧焊机变压器的一次侧电源线长度不应大于 5m，其电源进线处必须设置防护罩。发电机式直流电焊机的换向器应经常检查和维护，应消除可能产生的异常电火花。

电焊机械开关箱中的漏电保护器额定漏电动作电流不应大于 30mA，额定漏电动作时间不应大于 0.1s。交流电焊机械应配装防二次侧触电保护器。

电焊机械的二次线应采用防水橡皮护套铜芯软电缆，电缆长度不应大于 30m，不得采用金属构件或结构钢筋代替二次线的地线。

使用电焊机械焊接时必须穿戴防护用品。严禁露天冒雨从事电焊作业。

🔔 10.3　手持电动工具

空气湿度小于75%的一般作业场所可选用Ⅰ类或Ⅱ类手持式电动工具，其金属外壳与PE线的连接点不得少于两处；除塑料外壳Ⅱ类工具外，相关开关箱中漏电保护器的额定漏电动作电流不应大于15mA，额定漏电动作时间不应大于0.1s，其负荷线插头应具备专用的保护触头。所用插座和插头在结构上应保持一致，避免导电触头和保护触头混用。

在潮湿场所和金属构架上操作时，必须选用Ⅱ类或由安全隔离变压器供电的Ⅲ类手持式电动工具。金属外壳Ⅱ类手持式电动工具使用时，必须符合上述要求，其开关箱和控制箱应设置在作业场所外面。在潮湿场所或金属构架上严禁使用Ⅰ类手持式电动工具。

狭窄场所须选用由安全隔离变压器供电的Ⅲ类手持式电动工具，其开关箱和安全隔离变压器均应设置在狭窄场所外面，并连接 PE 线。漏电保护器的选择应符合使用于潮湿或有腐蚀介质场所漏电保护器的要求。操作过程中应有人在外面监护。

手持式电动工具的负荷线应采用耐气候型的橡皮护套铜芯软电缆，并不得有接头。

手持式电动工具的外壳、手柄、插头、开关、负荷线等必须完好无损，使用前必须做绝缘检查和空载检查，在绝缘合格、空载运转正常后方可使用。

使用手持式电动工具时,必须按规定穿、戴绝缘防护用品。

11 照明

🔔 11.1 照明供电

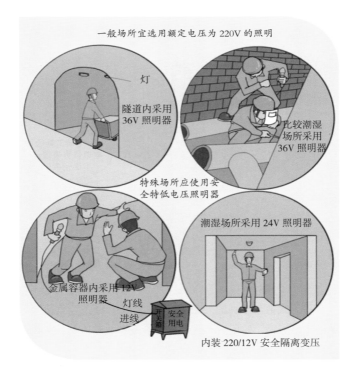

一般场所宜选用额定电压为 220V 的照明

灯

隧道内采用 36V 照明器

比较潮湿场所采用 36V 照明器

特殊场所应使用安全特低电压照明器

潮湿场所采用 24V 照明器

金属容器内采用 12V 照明器

灯线进线

开关箱 安全用电

内装 220/12V 安全隔离变压

一般场所宜选用额定电压为 220V 的照明器。下列特殊场所应使用安全特低电压照明器：

● 隧道、人防工程、高温、有导电灰尘、比较潮湿或灯具离地面高度低于 2.5m 等场所的照明，电源电压不应大于 36V；

● 潮湿和易触及带电体场所的照明，电源电压不得大于 24V；

● 特别潮湿场所、导电良好的地面、锅炉或金属容器内的照明，电源电压不得大于 12V。

使用行灯应符合下列要求：

● 电源电压不大于 36V；

● 灯体与手柄应坚固、绝缘良好并耐热耐潮湿；

● 灯头与灯体结合牢固，灯头无开关；

● 灯泡外部有金属保护网；

● 金属网、反光罩、悬吊挂钩固定在灯具的绝缘部位上。

🔔 11.2　照明装置

室外 220V 灯具距地面不得低于 3m，室内 220V 灯具距地面不得低于 2.5m。

普通灯具与易燃物距离不宜小于 300mm；聚光灯、碘钨灯等高热灯具与易燃物距离不宜小于 500mm，且不得直接照射易燃物。达不到规定安全距离时，应采取隔热措施。

碘钨灯及钠、铊、铟等金属卤化物灯具的安装高度宜在 3m 以上，灯线应固定在接线柱上，不得靠近灯具表面。

对夜间影响飞机或车辆通行的在建工程及机械设备，必须设置醒目的红色信号灯，其电源应设在施工现场总电源开关的前侧，并应设置外电线路停止供电时的应急自备电源。

12 触电急救措施

脱离电源的正确方法：断开电源或用绝缘物移开电源。

触电者脱离电源后应：

（1）呼救与判断

（2）打开气道

清除异物　　　　　打开气道

（3）人工呼吸

15：2

人工
呼吸

（4）胸外心脏按压

下压约4~5cm

胸外心脏按压

13 电气防火防爆措施

（1）对用电线路进行巡视，以便及时发现问题。

（2）在设计和安装电气线路时，导线和电缆的绝缘强度不应低于网路的额定电压，绝缘子也要根据电源的不同电压进行选配。

（3）安装线路和施工过程中，要防止划伤、磨损、碰压导线绝缘，并注意导线连接接头质量及绝缘包扎质量。

（4）在特别潮湿、高温或有腐蚀性物质的场所内，严禁绝缘导线明敷，应采用套管布线，在多尘场所，线路和绝缘子要经常打扫，勿积油污。

（5）严禁乱接乱拉导线，安装线路时，要根据用电设备负荷情况合理选用相应截面的导线。并且导线与导线之间、导线与建筑构件之间及固定导线用的绝缘子之间应符合相关要求的间距。

（6）定期检查线路熔断器，选用合适的保险丝，不得随意调粗保险丝，更不准用铝线和铜线等代替保险丝。

（7）检查线路上所有连接点是否牢固可靠，要求附近不得存放易燃可燃物品。

（8）电器设备发生火灾时，首先应切断电源，然后再进行灭火。如果不能迅速断电，可使用二氧化碳灭火器、四氯化碳灭火器、1211灭火器或干粉灭火器等。人员灭火时，必须保持足够的安全距离。

（9）火灾区域内电气设备由于受潮及烟熏，绝缘能力降低，拉开开关时要使用绝缘工具。

（10）剪断电线时，不同线路应在不同部位剪断，以免发生两相或三相短路，架空线路在支持物件附近断开。

（11）带电线接地时应设警戒区域，防止人员进入而触电。

（12）停止用电或人员离开时，临时用电单位应从受电端（用电设备）向供电端（开关箱、配电箱等）逐次切断用电开关。重新用电时，必须对线路、设备检查确认后，从供电端向受电端逐次合上用电开关。

14 典型事故案例分析

🔔 14.1 触电伤亡事故

事故经过

某油库发油台改造场地进行浇筑混凝土作业。9 点 50 分，作业人员秦某使用插入式混凝土振动器振动发油台东面水泥地面，因振动器电源线在现场地面上拖动时接线头处磨损裸露，秦某在移动振动器过程中，一只手抓住了电源线接线处，被裸露的电源线头当场击倒，现场人员随即拨打电话向 120 求救，油库现场监护人员及门卫配合引导 120 救护车到事故现场，10 点 06 分伤者被从油库送往医院，经医院抢救无效死亡。

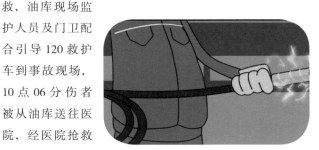

事故原因

混凝土振动器（ZN-70 型）电源线接线不牢固，在拖动过程中，接线头松动、部分裸露，造成作业人员触电。施工现场拉接临时电源没有按照规定安装漏电保护器，仅安装了

52

一个普通空气开关，起不到漏电保护作用。

相关单位未严格落实现场特殊作业的管理措施，作业许可证制度执行不到位。虽然办理了临时用电、用火作业许可证，但是现场管理人员没有按照相关规定对漏电保护器进行检查。

企业对承包商人员的安全教育工作不到位，只进行了口头教育，无法保证教育内容和教育学时满足相关要求，导致安全教育流于形式。

承包商作业人员安全意识淡薄，没有安全用电常识，未能识别出临时用电的作业危害。

🔔 14.2 弧光灼伤事故

> 事故经过

某公司电气部进行化工变 B 区 35kV 冲击试验。10 点 07 分，承包商电工张某要求对 9#、10# 柜上的继电保护器进行试验工作，电气部技术员签发"化工变 B 区设备试验"的二类作业许可证，当班值班人员葛某未经电工调度同意，擅自许可电工张某打开高压电气柜后门对电缆进行检测绝缘作业（该作业须开一类作业许可证），结果造成化工变 35kV 的 Ⅳ 段母线送电时进线电缆头 A、C 相拉弧，3 名正准备检测绝缘的电工面部、耳部、手背被弧光灼伤。

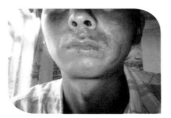 

事故原因

当班值班员违反规定，扩大作业范围，许可承包商人员打开高压电器柜门进行作业；

承包商单位电工张某未持有效的作业许可证，属于违章作业；

作业人员对设备情况、危险程度认识不清，作业前未做好危害识别和风险评估工作。